Paris
1915

Le Dantec, Félix

La biologie

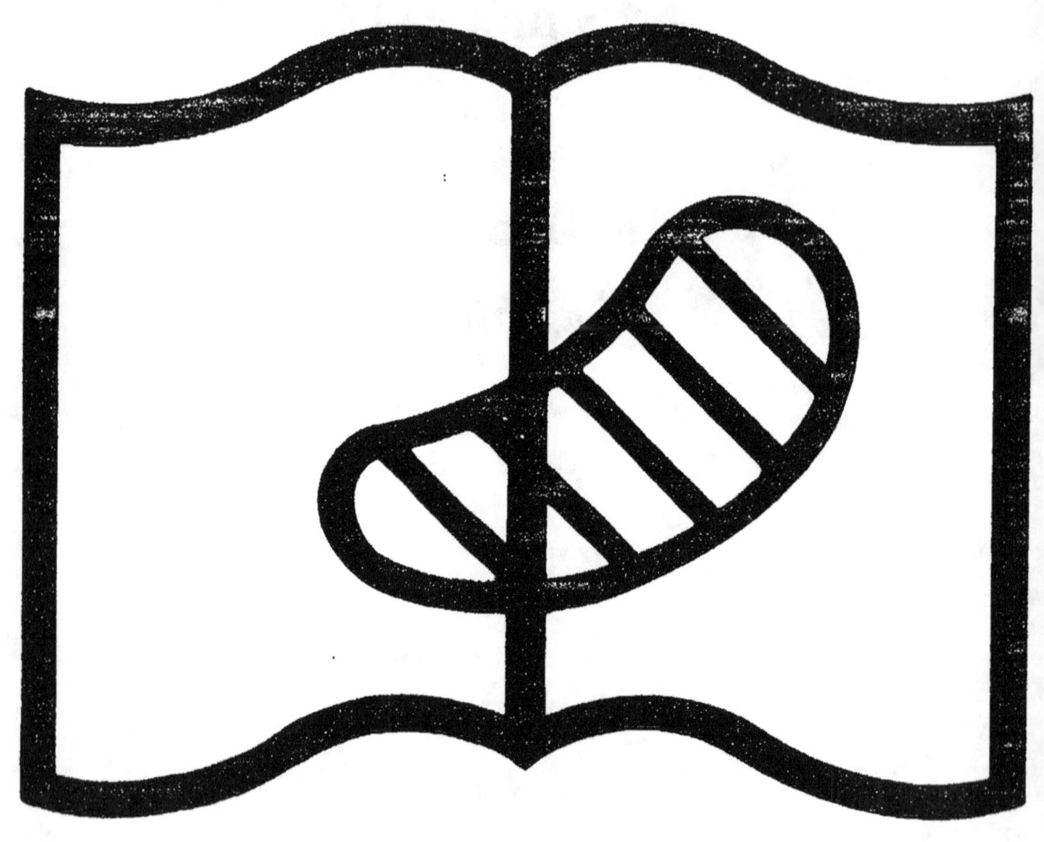

Symbole applicable
pour tout, ou partie
des documents microfilmés

Original illisible

NF Z 43-120-10

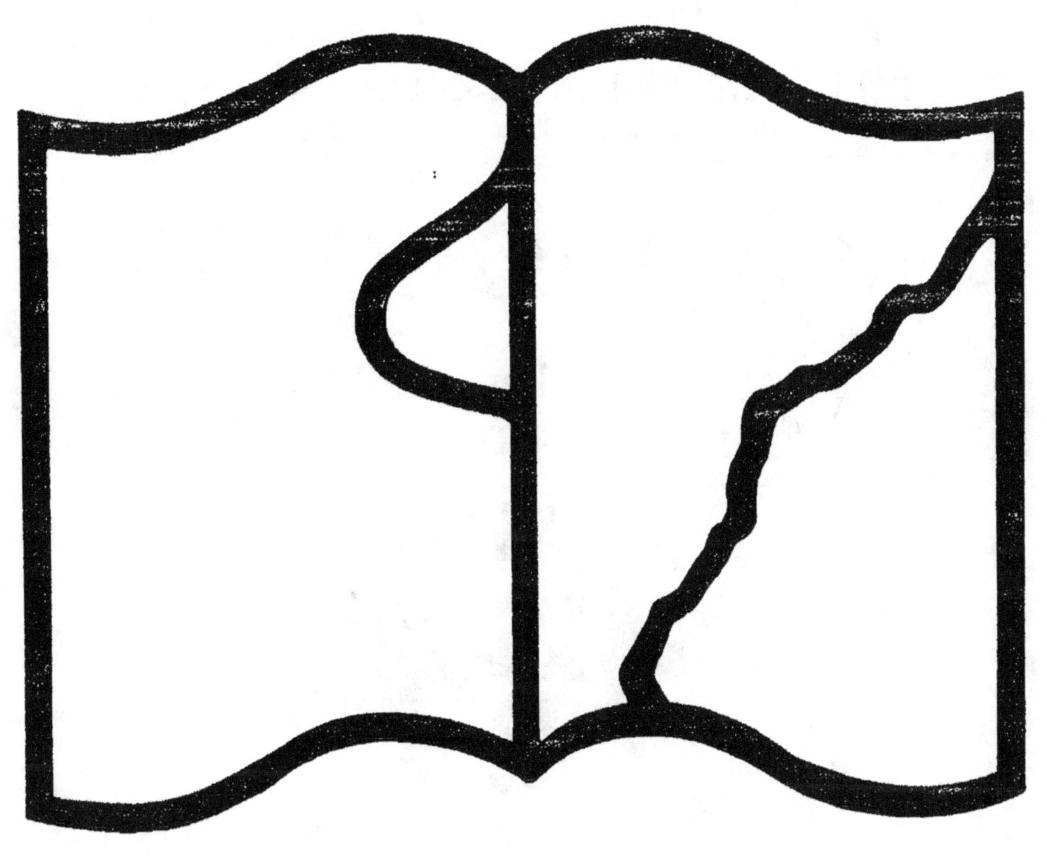

**Symbole applicable
pour tout, ou partie
des documents microfilmés**

Texte détérioré — reliure défectueuse

NF Z 43-120-11

LA BIOLOGIE

Par Félix LE DANTEC

PARIS

LIBRAIRIE LAROUSSE

13-17, rue Montparnasse

LA BIOLOGIE

LA SCIENCE FRANÇAISE

LA BIOLOGIE

Par Félix LE DANTEC

PARIS

LIBRAIRIE LAROUSSE

13-17, rue Montparnasse

LA BIOLOGIE

ENDANT bien longtemps, les études sur les êtres vivants n'ont guère mérité d'être considérées comme formant un chapitre de la *Science*. Le nom plus modeste d'*histoire naturelle* suffisait. Les *naturalistes* avaient surtout pour objet la description des formes des êtres vivants envisagés à l'état adulte ; quelques-uns d'entre eux se préoccupaient, de temps à autre, du fonctionnement d'un organe séparé, envisagé comme un rouage d'une machine, et c'était là l'embryon de ce qu'on appelle aujourd'hui la *physiologie;* mais les plus nombreux parmi ceux qui s'adonnaient à l'observation de la vie s'arrêtaient à l'étude des formes adultes ou *morphologie.*

Le nombre des formes des espèces vivantes étant colossal, — il se chiffre par millions ! — il fut de bonne heure nécessaire que les chercheurs s'entendissent pour les cataloguer d'une manière commode, et c'est pourquoi les premiers travaux d'histoire naturelle sont des travaux de *classification.* Bien des gens s'imaginent encore, de nos jours, que les sciences naturelles se bornent à la classification des formes adultes, et il existe, au XXe siècle, de nombreux naturalistes descripteurs n'ayant pas d'autre objectif.

Le Français TOURNEFORT (1656-1708) eut le mérite de proposer un système pratique de classification des plantes, système que le Suédois LINNÉ perfectionna, sans lui enlever son caractère artificiel, et qui fut bientôt abandonné pour la méthode naturelle des Jussieu, Bernard DE JUSSIEU (1699-1777), et surtout son neveu, Antoine-Laurent DE JUSSIEU (1746-1836). C'est en 1789 que ce dernier publia son *Genera plantarum secundum ordines naturales disposita,* ouvrage marquant, au dire de Cuvier, une étape aussi importante dans l'histoire de la botanique, que la chimie de Lavoisier dans les sciences de l'expérience.

Pour les animaux, malgré les belles publications de Buffon (1707-1788), la classification en restait à peu près à Aristote, que Linné n'avait guère dépassé. Plusieurs savants français entreprirent, presque en même temps, de donner une classification naturelle au règne animal. Trois noms brillent, à cette époque, d'un éclat incomparable, ce sont ceux de Lamarck (1744-1829), d'Étienne Geoffroy Saint-Hilaire (1772-1844) et de Georges Cuvier (1769-1832). Ces hommes, vraiment grands, ne purent pas se résoudre à n'être que de simples collectionneurs, et chacun d'eux, en dehors de ses travaux de classification, se proposa de trouver, dans le domaine de l'histoire naturelle, des *lois* comparables à celles qui existent dans les sciences exactes; après eux, il fut possible de parler de *sciences* biologiques. A vrai dire, leur mérite, à ce point de vue, est très inégal. Cuvier établit la loi de la *corrélation des formes*, qu'il utilisa dans ses recherches ultérieures pour fonder la science appelée *paléontologie*. Étienne Geoffroy Saint-Hilaire essaya de démontrer l'*unité de composition organique*, au sujet de laquelle il entretint, avec Cuvier, des discussions restées célèbres; mais, malgré le mérite incontestable de ces deux hommes préoccupés de science vraie, Lamarck les dépasse de toute sa hauteur, car il a, du premier coup, découvert les lois fondamentales de la vie et fondé la science nouvelle qui mérite de s'appeler *Biologie*, parce qu'elle contient les lois les plus générales susceptibles d'être appliquées à tous les animaux et à tous les végétaux.

A partir de cette époque, glorieuse entre toutes pour la science française, l'histoire des sciences naturelles devient moins simple, parce que l'objet poursuivi par les chercheurs n'est plus toujours le même. A côté de ceux qui étudient les formes adultes et s'ingénient à les classer le plus scientifiquement qu'ils peuvent, il y a d'autres savants qui cherchent des lois, qui font, suivant l'expression de Lamarck, de la *philosophie zoologique*. Arrêtons-nous d'abord

JEAN-BAPTISTE LAMARCK (1744-1829)

LITHOGRAPHIE
PAR BOILLY

à ceux qui se sont attachés plus particulièrement à l'étude des formes.

Etienne Geoffroy Saint-Hilaire, ayant remarqué l'analogie qui existe entre certains adultes des espèces inférieures et les formes embryonnaires d'autres espèces supérieures (1), fut conduit à expliquer par des *arrêts de développement* les inégalités des êtres et les *monstruosités* individuelles. Son fils, Isidore GEOFFROY SAINT-HILAIRE (1805-1861), se servit de ces idées pour fonder la *tératologie*, ou étude des monstres. (*Traité de tératologie*, 1832-1836).

L'ouvrage capital de Cuvier, pour lequel il eut d'ailleurs des collaborateurs éminents, qui s'appelaient LATREILLE, VALENCIENNES, etc., est : *le Règne animal distribué d'après son organisation* (Paris, 1816). Cet ouvrage est et restera la base de la zoologie descriptive. Mais en dehors de ses travaux de zoologie proprement dits, le grand naturaliste publia aussi, de 1812 à 1824, des *Recherches sur les ossements fossiles*, précédées d'un *Discours sur les révolutions du globe*, ouvrage extrêmement important, et duquel date la science appelée *paléontologie*.

On peut donc considérer comme successeurs de Cuvier, non seulement les purs zoologistes comme VALENCIENNES, DE BLAINVILLE, et toute cette pléiade brillante dont le plus récemment disparu était Henri DE LACAZE-DUTHIERS, mais aussi tous les paléontologistes depuis D'ORBIGNY (1802-1857), jusqu'à GAUDRY, MUNIER-CHALMAS, et parmi les vivants, DEPÉRET, le savant professeur de la Faculté des sciences de Lyon.

Cuvier et Geoffroy Saint-Hilaire ont été des chefs de file, et leurs écoles se sont perpétuées avec éclat pendant tout le XIXe siècle, mais quelle que soit la gloire justement attachée à leur nom, cette gloire disparaît devant l'auréole lumineuse dont s'entoure la mémoire de notre grand Lamarck, *le père de la Biologie.*

---

(1) On peut voir dans cette remarque le point de départ de la loi établie en 1839 par Antoine SERRES (1786-1868) : « L'embryologie est la répétition de l'anatomie comparée ». Cette loi est ordinairement attribuée à tort à Fritz Muller.

En étudiant les diverses formes des animaux vivants, et en les comparant à celles des animaux anciens dont les restes nous ont été conservés à l'état fossile, Lamarck, par une intuition géniale, dont l'histoire de l'humanité contient bien peu d'exemples, a compris que la *forme* des êtres vivants est, comme toutes les manifestations de leur activité, *un résultat* de leur fonctionnement. Un animal d'aujourd'hui est ce qu'il est, à cause de ce qui s'est passé dans la lignée dont il découle, depuis son ancêtre le plus lointain. Il suffit d'observer un être vivant sans parti pris, pour constater qu'il se construit en vivant; cela est de toute évidence; Lamarck a compris que la forme de l'espèce actuelle dépend du fonctionnement passé de la lignée, comme la forme de l'individu résulte du fonctionnement vital de l'individu. Ainsi, il n'y a plus deux choses à considérer, la forme et le fonctionnement; il n'y a pas deux sciences distinctes, la morphologie et la physiologie, mais il y a une science unique, la biologie, dans laquelle on voit les êtres à la fois mécanismes agissants et constructeurs de leur propre mécanisme.

On a donné le nom de *transformisme* à la partie du système de Lamarck, qui voit dans les formes actuelles des êtres un résultat de l'histoire de leur lignée. Mais, en même temps qu'il émettait cette théorie admirable, qui eût suffi à lui assurer une place dans le panthéon de l'humanité, Lamarck donnait les lois les plus générales qui régissent les rapports du fonctionnement avec la construction des formes, de la physiologie avec la morphologie. Lamarck n'est pas seulement le fondateur de la théorie transformiste, il est le père de la Biologie, à laquelle il a donné l'unité qui en fait véritablement une *science*. Les deux ouvrages fondamentaux de Lamarck, sont *la Philosophie zoologique* (1809), et *l'Histoire naturelle des animaux sans vertèbres* (1815–1822); ces deux ouvrages marquent une date mémorable dans l'histoire du génie humain.

Lamarck ne fut pas compris de son temps; il fut même oublié pendant de longues années, jusqu'à ce que l'Anglais Darwin eût mis le transformisme en honneur. Encore faut-il remarquer que, dans le système de Darwin, la transformation historique des espèces était seule mise en évidence, sans qu'il fût question de ce qui fait la plus pure gloire de Lamarck, le rôle du fonctionnement dans la construction des organismes, en d'autres termes, le lien indissoluble qui unit la morphologie à la physiologie et qui crée l'unité de la biologie. Le succès de Darwin n'aurait pas réussi à faire revivre la gloire de Lamarck, si des savants des États-Unis d'Amérique du Nord n'avaient résolument épousé la cause de notre grand biologiste. Je citerai seulement E. D. Cope (*Primary factors of organic évolution*. Chicago, 1896) et S. A. Packard (*Lamarck, the founder of evolution* (New-York, 1901). Ce dernier livre a été traduit et complété par notre compatriote M. LANDRIEU *(Lamarck, le fondateur du transformisme, sa vie et son œuvre*. Paris, 1909). Aujourd'hui la gloire de Lamarck égale celle de Descartes et de Lavoisier, mais cet homme immense n'a pas eu d'influence sur la science française du XIXe siècle. La morphologie et la physiologie sont restées pendant près de cent ans des sciences séparées, quoique Lamarck eût compris et expliqué le retentissement du fonctionnement sur la construction des organismes et la formation des espèces.

Cependant, alors que de purs zoologistes descripteurs, dont nous avons nommé plus haut les plus notoires, s'attachaient à décrire l'anatomie des espèces, et que d'autres, plus curieux de psychologie, étudiaient comme J.-H. FABRE les mœurs des animaux, il y a eu parmi les zoologistes français, des naturalistes philosophes que l'on peut considérer comme dérivant plus ou moins directement de Lamarck. H. MILNE-EDWARDS (1800–1885) a développé, dans ses *Leçons d'anatomie et de physiologie* (1855-1881), le principe de la *division du travail;* plus récemment, on peut citer les ouvrages de GIARD *(Controverses transformistes);* d'Ed. PERRIER *(la Philosophie zoologique avant Darwin);* d'Yves DELAGE *(les Théories de l'Évolution),* et enfin de Félix LE DANTEC, qui s'est efforcé de mettre d'accord les deux écoles transformistes en montrant que les principes de Lamarck sont la conséquence de l'application aux tissus de la sélection naturelle de Darwin *(Éléments de philosophie biologique; la Science de la Vie)*.

Dans cette série de naturalistes philosophes, il faut réserver une place à part à Félix DUJARDIN et à son *Histoire naturelle des infusoires* (Paris, 1841). Ce savant méconnu a eu le premier la gloire de comprendre que tous les êtres vivants sont composés de substances ayant un état physique comparable, quelle que soit leur espèce. Il annonça que les animaux et les végétaux sont tous formés de *sarcode*. Le mot n'a pas été conservé. On lui a préféré le mot *protoplasma*, d'invention plus récente, et qui a *exactement la même signification*. Mais si le mot protoplasma est aujourd'hui quotidiennement dans la bouche de tous les naturalistes, il ne faut pas oublier que ce mot est uniquement l'équivalent *plus récent* du *sarcode* de Dujardin.

Nous nous sommes occupés jusqu'à présent des seuls zoologistes; mais il ne faut pas manquer de dire que les JUSSIEU ont eu en France d'éminents successeurs. Sans rappeler de Candolle qui, quoique ayant enseigné en France, resta fidèle à Genève, sa patrie, et que nous ne pouvons pas revendiquer comme nôtre, Ad.-Théodore BRONGNIART (1801-1876), fit une *Histoire des végétaux fossiles*, qui permet de le considérer comme le père de la paléontologie végétale. Les botanistes descripteurs français ont été légion; l'un des derniers disparus, Ernest-Henri BAILLON (1827-1895), a laissé une *Histoire des plantes* qui fait autorité.

VAN TIEGHEM (1839-1893), joua un rôle très important dans la fondation de l'*anatomie végétale*, ce qui ne l'empêcha pas de se livrer à des études cryptogamiques fort remarquables; le nombre des savants français qui ont étudié les cryptogames est trop considérable pour qu'on puisse songer à les citer; mais il faut néanmoins mentionner à part les longues études de BORNET sur les algues; Bornet a d'ailleurs eu de nombreux et brillants continuateurs.

Dans le domaine botanique, deux hommes méritent une mention spéciale, et leur nom, peu célèbre jusqu'à présent, deviendra sans doute très illustre dans la suite des temps. NAUDIN a remarqué, dans les croisements des plantes, les particularités dont on fait honneur aujourd'hui à Gregor MENDEL *(Caractères mendéliens* et *Hérédité mendélienne).* JORDAN, de Lyon, a constaté le premier l'existence, dans maintes espèces végétales, d'un nombre fini de types nettement différents les uns des autres, et cette constatation, à laquelle on n'a pas attribué tout de suite l'importance qu'elle méritait, est devenue célèbre plus tard, avec la théorie des *mutations* du Hollandais De Vries.

✿ ✿ ✿

C'est en France qu'est née la physiologie scientifique. BICHAT (1771-1802) mourut trop jeune pour donner la mesure de son génie, mais ses *Recherches sur la vie et la mort* méritent encore d'être méditées; il est aussi l'un des précurseurs de l'*histologie.* MAGENDIE (1783-1855) entreprit des études expérimentales, que son successeur, l'illustre Claude BERNARD (1813-1878) poussa au plus haut point de perfection. Il ne faut pas oublier d'ailleurs que LAVOISIER avait commencé, quand il fut arrêté par l'échafaud de la Terreur, des études sur la respiration, qui peuvent être considérées comme d'excellentes recherches physiologiques.

Claude Bernard laissa une brillante série d'élèves. PAUL BERT (1833-1886) s'occupa principalement de l'influence sur la vie de la *Pression barométrique.* Parmi les derniers disciples du grand maître, il faut signaler DASTRE *(la Vie et la Mort),* DUBOIS, MORAT et enfin Charles RICHET, que nous retrouverons plus tard parmi les savants qui dérivent aussi de Pasteur.

C'est que, en effet, à mesure que la science avance, il devient plus difficile d'établir la filiation des savants, chacun des nouveaux venus dérivant souvent, au même titre, de plusieurs maîtres également illustres. En particulier, l'œuvre immense de PASTEUR (1822-1895) a eu un retentissement si considérable sur toutes les parties de la science biologique, qu'il devient impossible aujourdhui d'être biologiste sans dériver de Pasteur, au moins par un côté.

Malgré la valeur incontestable de ses autres travaux, le

plus grand mérite de Pasteur a été de chasser le mystère d'un très grand nombre de phénomènes auxquels on ne trouvait, avant lui, aucune cause matérielle. C'est très petit, un être vivant unicellulaire; cela ne se voit pas et ne saurait se peser; mais quand un *microbe* tombe dans un milieu favorable à sa vie, il se multiplie par sa vie même, il devient légion, et cause alors des ravages hors de proportion avec la dimension de l'élément initial qui est entré en jeu. Ainsi un seul microbe, infiniment petit, peut suffire à déterminer une *fermentation* qui altère profondément certaines subtances organiques, ou une *maladie* qui met hors d'usage le mécanisme admirable d'un animal supérieur. En mettant en évidence le rôle des microbes dans les fermentations et les maladies, Pasteur a accompli dans la science une révolution à laquelle aucune autre n'est comparable, quant à l'importance de ses résultats. L'étude des fermentations sera faite à propos de la *chimie*, celle des maladies des animaux sera faite à propos de la *médecine* ; mais il y a encore d'autres domaines dans lesquels s'est fait sentir profondément l'influence pastorienne, en particulier l'agriculture et l'étude des maladies des plantes.

RAULIN, l'un des élèves directs de Pasteur, sut composer, avec des matériaux inorganiques, un milieu de culture tellement propre à la vie de *l'aspergillus niger* que ce champignon s'y développe à l'exclusion de tout autre. SCHLŒSING et MUNTZ montrèrent que la formation des nitrates dans le sol est due à un microbe particulier, le ferment nitrique. Des travaux nombreux, parmi lesquels il faut citer ceux de SCHLŒSING fils et LAURENT, mirent hors de doute la réalité de la fixation de l'azote gazeux par les plantes, phénomène que GEORGES VILLE avait déjà deviné et que les deux expérimentateurs précités ont montré être le résultat de la vie d'un microorganisme vivant en symbiose avec les racines des légumineuses, A propos de symbiose, et dans le même ordre d'idées, il faut signaler les travaux d'un jeune savant, mort à la fleur de l'âge, Noël BERNARD, qui expliqua les phénomènes incompréhensibles du développement des orchidées par la vie en commun, avec ces plantes bizarres, d'un cham-

CLAUDE BERNARD (1813-1878)

pignon symbiotique du genre *Fusarium*. Il serait impossible d'énumérer tous les travaux suscités dans le domaine des sciences naturelles par les travaux de Pasteur, signalons seulement, au hasard, les travaux d'Ant. Schneider (de Poitiers), sur les grégarines parasites des insectes, et la découverte, par Laveran, de l'animalcule parasite du sang de l'homme, qui lui donne la fièvre paludéenne et se transmet par la piqûre des moustiques, etc., etc.

Non seulement Pasteur a ouvert un champ prodigieux d'investigation en faisant connaître le rôle des microorganismes vivants dans les maladies et les fermentations ; il a en outre fait les premiers pas, et les plus décisifs peut-être, dans la voie de la guérison des maladies microbiennes. Ici nous entrons encore dans le domaine de la médecine ; il faut dire cependant qu'en ouvrant la voie de l'*immunisation* des animaux contre les maladies (vaccination charbonneuse des moutons, etc.), voie dans laquelle il avait d'ailleurs été précédé par l'Anglais Jenner (vaccination contre la variole), Pasteur n'a fait qu'appliquer le principe de Lamarck, de l'acquisition des caractères par l'habitude. A ce point de vue, notre grand Pasteur, qui, par ailleurs, a ouvert d'emblée des voies si fécondes aux recherches des biologistes, peut donc être considéré comme le continuateur du seul savant qui, dans l'ordre des sciences naturelles, soit aussi grand que lui, l'immortel Lamarck.

Dans cette voie de la guérison des maladies, Pasteur a eu de nombreux élèves, dont les travaux sont signalés dans le rapport sur la médecine. Il faut pourtant noter, comme étant du domaine de la biologie pure ou de la physiologie, les études de Roux (sérothérapie) et de Metchnikoff (rôle des cellules vivantes de l'animal supérieur dans la résistance à l'infection) ; enfin, dans la même voie, la découverte de *l'anaphylaxie* par Charles Richet peut être considérée comme un des chapitres les plus curieux de la science physiologique.

✿ ✿ ✿

Après ces travaux, d'une importance capitale, il devient

difficile de parler d'autres études qui ne paraissent pas im
médiatement avoir joué un aussi grand rôle dans l'évolution scientifique. Il serait pourtant injuste de ne pas signaler les travaux descriptifs sur l'anatomie des tissus ou *histologie ;* nous avons eu, dans cette branche des sciences naturelles, des maîtres incontestés : RANVIER, CORNIL, HENNE-
GUY, etc. Mais ces études se rapportent peut-être davantage
à la médecine. Nous avons eu aussi des *embryologistes* de
premier ordre, dont il est question dans le rapport sur les
sciences médicales. Enfin, c'est peut-être aussi au chapitre
de la médecine qu'il faudrait classer *l'anthropologie*, science
moins précise et moins féconde sans doute que celles dont
nous venons de parler, mais qui a jeté néanmoins un vif
éclat, avec BROCA d'abord, puis avec MORTILLET, DE QUA-
TREFAGES, TOPINARD, etc. D'autre part, la France a pris
une part active aux explorations sous-marines, dont on
trouve un compte rendu dans le livre de L. JOUBIN.

Quoiqu'il en soit de la valeur plus ou moins grande de
ces sciences secondaires, nous avons signalé dans l'histoire
des sciences naturelles en France, outre un nombre considérable de savants illustres, trois hommes qui brillent d'un
éclat incomparable ; nous dirions quatre, s'il nous était
permis, à cause de ses études sur la respiration, d'y ajou-
ter Lavoisier ; ces trois géants de la science s'appellent :
LAMARCK, Claude BERNARD et PASTEUR.

FÉLIX LE DANTEC.

BIBLIOGRAPHIE

LAMARCK (1744-1829). — *Œuvres choisies,* avec préface de F. Le
Dantec, in-18. Paris, Flammarion, 1913.

LANDRIEUX. — *Lamarck, le fondateur du transformisme,* in-8°.
Paris, Société zoologique de France, 1909.

CUVIER (1769-1832). — *Le Règne animal distribué d'après son
organisation* [1816]. Nouv. éd., 11 vol. de texte et 11 atlas
in-4°. Paris, Fortin et Masson, 1836-1849.

CUVIER (1769-1832). — *Recherches sur les ossements fossiles des quadrupèdes* [1812]. Nouv. éd. refondue, 7 vol. in-4°. Paris, Dufour et Docagne, 1821-1834.

GEOFFROY SAINT-HILAIRE (1772-1844). — *Philosophie anatomique*, 2 vol. in-8° avec 2 atlas in-folio. Paris, Méquignon-Marvis, 1818-1823.

LACÉPÈDE (1756-1825). — *Histoire naturelle des quadrupèdes ovipares et des serpents, faisant suite aux Œuvres de Buffon*, 2 vol. in-4°. Paris, 1788-1789.

DE BLAINVILLE. — *Cours de Physiologie générale et comparée, professé à la Faculté des Sciences*, 3 vol. in-8°. Paris, Baillière, 1833.

DUMÉNIL. — *Erpétologie générale ou Histoire naturelle complète des reptiles*, 10 vol. in-8° avec atlas. Paris, Roret, 1835-1850.

AUDOUIN et MILNE-EDWARDS. — *Recherches pour servir à l'histoire naturelle du littoral de la France. Voyage à Granville, aux îles Chausey et à Saint-Malo*, tome Ier, in-8°. Paris, Crochard, 1832.

VALENCIENNES et CUVIER. — *Histoire naturelle des poissons*, 22 vol. in-4°. Paris, Bertrand, 1829-1849.

LATREILLE. — *Cours d'Entomologie ou Histoire naturelle des crustacés, des arachnides, des myriapodes et des insectes*, in-8°. Paris, Roret, 1831.

GEOFFROY SAINT-HILAIRE. — *Histoire générale et particulière des anomalies de l'organisation chez l'homme et les animaux ou Traité de Tératologie*, 3 vol. in-8° et atlas. Paris, Baillière, 1832-1836.

F. DUJARDIN. — *Histoire naturelle des zoophytes, infusoires*, in-8° et atlas. Paris, Roret, 1841.

J.-H. FABRE. — *Souvenirs entomologiques*, 10 vol. in-8°. Paris, Delagrave, 1879-1907.

H. MILNE-EDWARDS. — *Leçons sur la physiologie et l'anatomie comparées de l'homme et des animaux*, 14 vol. in-8°. Paris, Masson, 1857-1883.

E. PERRIER. — *Les Colonies animales et la formation des organismes*. Nouvelle édition in-8°. Paris, Masson, 1898.
— *La Philosophie zoologique avant Darwin*, in-8°. Paris, Alcan, 1884.

A. GIARD. — *Controverses transformistes*, in-8º. Paris, Naud, 1904.

Y. DELAGE. — *L'Hérédité et les grands problèmes de la biologie générale*, in-8º. Paris, Reinwald, 1895.

Y. DELAGE et A. GOLDSMITH. — *Les Théories de l'évolution*, in-18. Paris, Flammarion, 1909.

F. LE DANTEC. — *Éléments de philosophie biologique*, in-16. Paris, Alcan, 1907.

— *La Science de la Vie*, in-18. Paris, Flammarion, 1912.

X. BICHAT (1771-1802). — *Recherches physiologiques sur la vie et la mort* (1800). Nouvelle édition in-8º. Paris, Masson.

F. MAGENDIE (1783-1855). — *Leçons sur les phénomènes physiques de la vie*, 4 vol. in-8º. Paris, Ebrard, 1836-1842.

Claude BERNARD (1813-1878). — *Introduction à l'étude de la médecine expérimentale*, in-8º. Paris, Baillière, 1865.

— *Leçons sur les phénomènes de la vie communs aux animaux et aux végétaux*, 2 vol. in-8º. Paris, Baillière, 1878-1879.

BROWN-SÉQUARD. — *Recherches expérimentales sur la physiologie*. Mémoires publiés dans les *Comptes rendus de l'Académie des Sciences* (1).

Paul BERT. — *La Pression barométrique, recherches de physiologie expérimentale*, in-8º. Paris, Masson, 1878.

A. DASTRE. — *La Vie et la mort*, in-18. Paris, Flammarion, 1903.

J. MAREY. — *Physiologie du mouvement. Le vol des oiseaux*, in-8º. Paris, Masson, 1889.

P. BONNIER. — *L'Audition*, in-12. Paris, Doin, 1901.

E. GLEY. — *Traité élémentaire de Physiologie* [1909]. Nouvelle édition in-8º. Paris, Baillière, 1910.

D'ORBIGNY. — *Paléontologie française*, in-8º. Paris, Masson, 1840 et sq.

A. GAUDRY. — *Les Enchaînements du monde animal dans les temps géologiques*, 3 vol. in-8º. Paris, Savy, 1877-1890.

— *Essai de Paléontologie philosophique*, in-8º. Paris, Masson, 1896.

A. DE LAPPARENT. — *Traité de Géologie* [1882]. Nouvelle édition. 3 vol. in-8º. Paris, Masson, 1906.

---

(1) Collection désignée dans la suite par les lettres C. R.

LOUIS PASTEUR (1822-1895)

TABLEAU DE
EDELFELT

Ch. Depéret. — *Les Transformations du monde animal*, in-18. Paris, Flammarion, 1907.

E. Haug. — *Traité de Géologie*, 2 vol. in-8°. Paris, Colin, 1907-1912.

P. Fischer. — *Manuel de Conchyliologie et de Paléontologie conchyliologique ou Histoire naturelle des Mollusques vivants et fossiles*, in-8°. Paris, Savy, 1885-1887.

Tournefort. — *Éléments de Botanique ou Méthode pour connaître les plantes*, 3 vol. in-8°. Paris, Imprimerie Royale, 1694.

de Jussieu. — *Genera plantarum secundum ordines naturales disposita*, in-8°. Parisiis, Herissant, 1789.

Brongniart. — *Histoire des végétaux fossiles. Recherches botaniques et géologiques sur les végétaux renfermés dans les diverses couches du globe*, in-4°. Paris, Dufour et d'Ocagne, 1828-1837.

de Candolle. — *Théorie élémentaire de la botanique ou Exposition des principes de la classification*, in-8°. Paris, Déterville, 1813.

Brisseau-Mirbel. — *Éléments de physiologie végétale et de botanique*, 3 vol. in-8°. Paris, Magimel, 1815.

Naudin. — *Mémoires sur les hybrides du règne végétal*. C. R.

A. Chatin. — *La Truffe. Étude des conditions générales de la production truffière*, in-12. Paris, Bouchard-Huzard, 1869.

E. Bornet et G. Thuret. — *Notes algologiques*, in-4°. Paris, Masson, 1876-1880.

G. Thuret. — *Études phycologiques, analyses d'algues marines*, in-fol. Paris, Masson, 1878.

H. Baillon. — *Histoire des Plantes*, 13 vol. in-8°. Paris, Hachette, 1870-1895.

P. Van Tieghem. — *Traité de Botanique* [1884]. Nouvelle édition. 2 vol. in-8°. Paris, Savy, 1890.

Bonnier et de Layens. — *Flore complète de la France et de la Suisse*, in-8°. Paris, 1908.

G. Bonnier. — *Le Monde végétal*, in-18. Paris, Flammarion, 1907.
— *Flore complète, illustrée en couleurs, de France, Suisse et Belgique*, in-4°. Neuchâtel, Paris et Bruxelles.

J. Costantin. — *Les Végétaux et les milieux cosmiques*, in-8°. Paris, Alcan, 1897.
— *Le Transformisme appliqué à l'agriculture*, in-8°. Paris, Alcan, 1906.

Blaringhem. — *Les Transformations brusques des êtres vivants*, in-18. Paris, Flammarion, 1911.

N. Bernard. — *Mémoires sur la symbiose d'orchidées avec divers champignons endophytes*. C. R. Paris, 1906.

Ranvier. — *Traité technique d'Histologie* [1875-1888]. Nouvelle édition, in-8°. Paris, Savy, 1889.

A. Bolles Lee et F. Henneguy. — *Traité des méthodes techniques de l'anatomie microscopique : histologie, embryologie et zoologie* [1886]. Nouvelle édition, in-8°. Paris, Doin, 1902.

A.-V. Cornil et V. Babès. — *Les Bactéries et leur rôle dans l'anatomie et l'histologie des maladies infectieuses*, 3e éd., 2 vol. in-8°. Paris, Alcan, 1890.

Th. Schlœsing et A. Müntz. — *Sur la nitrification par les ferments organisés*. C. R., 1877-1878, et 1879.

G. Ville. — *Fixation de l'azote gazeux par les plantes*. Divers mémoires sur ce sujet sous divers titres. C. R., 1830, et 1854.

Th. Schlœsing et Laurent. — *Bactéries symbiotiques des racines des Légumineuses*.

E. Prillieux. — *Maladies des plantes agricoles et des arbres fruitiers et forestiers causées par des parasites végétaux*, 2 vol. in-8°. Paris, Didot, 1895-1897.

P.-A. Danegard. — *Karyogamie intracellulaire chez les champignons*.

Sauvageau. — *Études sur les Algues*.

Duclaux. — *L'Hygiène sociale*, in-8°. Paris, Alcan, 1901.
— *Pasteur, Histoire d'un esprit*, in-8°. Paris, Masson, 1896.

Burnet. — *Microbes et toxines*, in-18. Paris, Flammarion, 1911.

Metchnikoff. — *L'Immunité dans les maladies infectieuses*, in-8°. Paris, Masson, 1901.

Richet. — *L'Anaphylaxie*, in-12. Paris, Alcan, 1911.

Broca. — *Mémoires d'anthropologie*, 5 vol. in-8°. Paris, Reinwald, 1871-1888.

De Quatrefages. — **L'Espèce humaine*, in-8º. Paris, G. Baillière, 1877.

— **De la Méthode dans les sciences*, 2 vol. in-18. Paris, Alcan, 1908.

Joubin. — **La Vie dans les océans*, in-18. Paris, Flammarion, 1912.

Milne-Edwards. — *Expéditions scientifiques du « Travailleur » et du « Talisman » pendant les années 1880-1883*, 8 vol. in-4º. Paris, Masson, 1888-1907.

R. Kœhler. — *Observations scientifiques de la campagne du « Caudan » dans le golfe de Gascogne*, in-8º. Lyon, Rey, 1896.

**Cartes murales destinées à l'enseignement de la Bactériologie*, publiées par l'Institut Pasteur. Paris, Masson.

✿ ✿ ✿

Archives de Zoologie expérimentale et générale, paraissent depuis 1872. Paris, Schulz.

Annales des Sciences naturelles (botanique), paraissent depuis 1824, in-8º. Paris, Masson.

**Annales de l'Institut Pasteur*, paraissent depuis 1887, in-8º. Paris, Masson.

**Bulletin de l'Institut Pasteur*, paraît depuis 1903, in-8º. Paris Masson.

**Résultats des campagnes scientifiques accomplies par Albert Iᵉʳ, Prince de Monaco*, paraissent depuis 1889, gr. in-4º. Monaco.,

**Bulletin de l'Institut océanographique*, paraît depuis 1904. Monaco.

**Annales de l'Institut océanographique*, paraissent depuis 1909, 7 vol. in-4º. Monaco.

LA SCIENCE FRANÇAISE

TOME Ier

Un volume in-8° carré (format 14,5×22)
de 400 pages, illustré de 15 portraits hors texte.
Broché, 5 francs. — Relié toile, 7 fr. 50.

CONTENU DU TOME PREMIER

I. — SCIENCES PHILOSOPHIQUES ET MORALES

La Philosophie . . . . MM. BERGSON.
La Sociologie. . . . . DURKHEIM.
La Science de l'éducation . . . . LAPIE.

II. — SCIENCES MATHÉMATIQUES ET ASTRONOMIE

Les Mathématiques . . . . MM. APPELL.
L'Astronomie. . . . . BAILLAUD.

III. — SCIENCES PHYSIQUES ET CHIMIQUES

La Physique. . . . . MM. BOUTY.
La Chimie. . . . . JOB.
La Minéralogie. . . . . LACROIX.

IV. — SCIENCES NATURELLES

La Géologie. . . . . MM. DE MARGERIE.
La Paléontologie botanique. . . . . ZEILLER.
La Paléontologie zoologique . . . . BOULE.
La Biologie . . . . LE DANTEC.

V. — SCIENCES MÉDICALES

Les Sciences médicales. . . . . M. ROGER.

VI. — LA GÉOGRAPHIE

La Géographie. . . . . M. DE MARTONNE.

❁ ❁ ❁

LA SCIENCE FRANÇAISE

TOME II

Un volume in-8° carré (format 14,5 × 22)
de 404 pages, illustré de 20 portraits hors texte.
Broché, 5 francs. — Relié toile, 7 fr. 50.

CONTENU DU TOME SECOND

VII. — ARCHÉOLOGIE ET HISTOIRE

Les Études égyptologiques.......... MM. MASPERO.
L'Archéologie classique............. COLLIGNON.
Les Études historiques............. Ch.-V. LANGLOIS
L'Histoire de l'Art............... MALE.

VIII. — ÉTUDES PHILOLOGIQUES ET LITTÉRAIRES

La Linguistique................. MM. MEILLET.
L'Indianisme................... Sylvain LÉVY.
La Sinologie................... CHAVANNES.
L'Hellénisme................... A. CROISET.
La Philologie latine............... DURAND.
La Philologie celtique .... DOTTIN.
Les Études sur la Langue française... JEANROY.
Les Études sur la Littérature française
  du moyen âge .... JEANROY.
Les Études sur la Littérature française
  moderne.................... LANSON.
Les Études italiennes............. HAUVETTE.
Les Études hispaniques............ MARTINENCHE.
Les Études anglaises............. LEGOUIS.
Les Études germaniques .... ANDLER.

IX. — SCIENCES POLITIQUES,
                JURIDIQUES ET ÉCONOMIQUES

Les Sciences politiques et juridiques.. MM. LARNAUDE.
Les Sciences économiques .... GIDE.

❂ ❂ ❂

LIBRAIRIE LAROUSSE, 13-17, rue Montparnasse, PARIS (6°)
(Envoi franco contre mandat-poste) et chez tous les libraires.

LA SCIENCE FRANÇAISE

Ouvrage publié sous les auspices du Ministère de l'Instruction publique, avec une introduction de

M. LUCIEN POINCARÉ
Directeur de l'Enseignement supérieur

Prix des notices séparées

TOME Ier

Bergson, La Philosophie	0 fr. 50
Durkheim, La Sociologie	0 fr. 50
Lapie, La Science de l'éducation	0 fr. 50
Appell, Les Mathématiques	0 fr. 50
Baillaud, L'Astronomie	0 fr. 75
Bouty, La Physique	0 fr. 50
Job, La Chimie	0 fr. 50
Lacroix, La Minéralogie	0 fr. 75
de Margerie, La Géologie	0 fr. 75
Zeiller, La Paléontologie botanique	0 fr. 50
Boule, La Paléontologie zoologique	0 fr. 75
Le Dantec, La Biologie	0 fr. 50
Roger, Les Sciences médicales	0 fr. 75
de Martonne, La Géographie	0 fr. 50

(Chaque brochure contient plusieurs portraits hors texte)

TOME II

En vente actuellement :

Collignon, L'Archéologie classique	0 fr. 75
Male, L'Histoire de l'Art	0 fr. 50
Durand, La Philologie latine	0 fr. 50
Andler, Les Études germaniques	0 fr. 75

(Chaque brochure contient plusieurs portraits hors texte)

❂ ❂ ❂

LIBRAIRIE LAROUSSE, 13-17, rue Montparnasse, PARIS (6e)
(Envoi franco contre mandat-poste) **et chez tous les libraires.**

LIBRAIRIE LAROUSSE

EXTRAIT DU CATALOGUE

13-17, rue Mont-parnasse, PARIS.

Dictionnaires Larousse

Les *Dictionnaires Larousse*, ont eu, par leur documentation claire et pratique, toujours soucieuse des exigences de l'actualité, le rare privilège de légitimer la faveur de plus en plus grande dont ils jouissent si heureusement en France et à l'étranger. Sans doute, la cause de cette vogue réside notamment dans l'adaptation rationnelle et méthodique du vocabulaire aux formes et aux exigences variées de la vie, qu'il s'agisse de l'intellectuel ou simplement de l'homme de métier. Une autre raison de ce succès est la multiplicité des formats grâce auxquels les éditeurs ont pu se mettre à la portée de toutes les bourses et satisfaire à tous les besoins.

LAROUSSE ÉLÉMENTAIRE ILLUSTRÉ. Édition refondue et augmentée sous la direction de Claude et Paul Augé. Un vol. de 1 275 pages (format 10,5 × 16,5), 2 500 grav., 37 tableaux encyclopédiques dont 2 en couleurs, 24 cartes, 600 portraits. Cartonné, 2 fr. 60; relié toile, titre or.   3 francs

LAROUSSE CLASSIQUE ILLUSTRÉ, par Claude Augé. Dictionnaire manuel à l'usage des écoles, plus complet qu'aucun autre dictionnaire de même prix. Beau volume de 1 100 pages (format 13,5 × 20), 4 150 gravures, 70 tableaux encyclopédiques dont 2 en couleurs et 114 cartes dont 7 en couleurs. Cartonné . . . . 3 fr. 30
Relié toile (reliure originale de Grasset). . . . . . 3 fr. 75

(0 fr. 75 en sus pour frais d'envoi à l'étranger.)

PETIT LAROUSSE ILLUSTRÉ. Le plus complet et le plus intéressant de tous les dictionnaires manuels. Beau volume de 1664 pages (format 13,5 × 20), 5800 gravures, 130 tableaux encyclopédiques dont 4 en couleurs, et 120 cartes dont 7 en couleurs. Relié toile (reliure originale de GRASSET), en trois tons . . . . 5 francs
En reliure souple pleine peau . . . . 7 fr. 50
(1 fr. en sus pour frais d'envoi dans les localités non desservies par le chemin de fer et à l'étranger.)

LAROUSSE DE POCHE, par Claude et Paul AUGÉ. Le seul dictionnaire de poche vraiment pratique et complet, contenant plus de 85 000 mots avec leur définition, plus un traité de grammaire et de littérature française. Joli volume de 1292 pages sur papier extra-mince (*bible paper*), format 10,5 × 16,5, épaisseur 2 centimètres, poids 315 grammes. Relié toile . . . . 6 francs
Elégamment relié peau souple, dans un étui . . . . . . 7 fr. 50

LE LAROUSSE POUR TOUS, dictionnaire encyclopédique en *deux volumes*, publié sous la direction de Claude AUGÉ. Une encyclopédie complète à la portée de tous : tous les mots de la langue, toutes les connaissances humaines, sous la forme la plus pratique et la moins coûteuse. 1950 pages (format 21 × 30,5), 17 325 gravures, 216 cartes en noir et en couleurs, 35 planches en couleurs. Broché. . . . . 35 francs
Relié demi-chagrin (reliure originale de G. AURIOL). 45 francs
(Facilités de payement — Prospectus spécimen sur demande.)

NOUVEAU LAROUSSE ILLUSTRÉ en *huit volumes*, publié sous la direction de Claude AUGÉ. Le plus récent, le plus remarquablement documenté et le plus magnifiquement illustré des grands dictionnaires encyclopédiques, rédigé par plus de 400 collaborateurs d'élite : le plus grand succès de la librairie française. 7600 pages (format 32 × 26), 237 000 articles, 49 000 gravures, 504 cartes en noir et en couleurs, 89 planches en couleurs. Broché. 230 francs
Relié demi-chagrin (reliure originale de GRASSET). 275 francs
Casier-Bibliothèque, en noyer ciré ou acajou ciré. . 30 francs
(Facilités de payement — Prospectus spécimen sur demande.)

GRAND DICTIONNAIRE LAROUSSE en *dix-sept volumes*. Le plus vaste répertoire encyclopédique du monde entier. 24 500 pages (format 32 × 26), 2 864 gravures. Broché, 650 fr.; — Relié demi-chagrin. . . . . 750 francs
(Facilités de payement — Prospectus spécimen sur demande.)

13-17, Rue Montparnasse, Paris
et chez tous les libraires ==========

Bibliothèque Larousse
encyclopédique et illustrée

Directeur : GEORGES MOREAU

L A *Bibliothèque Larousse*, collection véritablement encyclopédique, assemble dans un but de culture française intégrale, les ouvrages les plus divers répartis en neuf sections : *Littérature — Beaux-Arts — Sciences — Histoire et Géographie — Médecine et hygiène — Vie sociale et droit usuel — Agriculture — Connaissances pratiques — Sports.* Chaque section renferme en son cadre les connaissances qu'il fallait autrefois rechercher péniblement dans les ouvrages spéciaux, généralement coûteux et, souvent, d'une lecture aride. Cette collection se distingue en outre par une illustration documentaire abondante, exactement appropriée à son objet, par une présentation artistique où se manifeste le goût français, et, avec tous ces avantages, par son prix des plus modiques.

> *Les ouvrages de cette collection sont envoyés franco contre mandat-poste (pour l'étranger, ajouter 20 centimes par volume).*

LITTÉRATURE

L A section littéraire comprend quatre subdivisions : 1º Les *chefs-d'œuvre* de la littérature classique et moderne ; 2º des *anthologies* d'écrivains choisis par époques et par pays ; 3º des précis d'*Histoire de la littérature* française et étrangère ; 4º des *monographies* des plus grands écrivains.

I — Les chefs-d'œuvre de la littérature

Le soin le plus attentif à été apporté à la présentation de ces ouvrages ; la valeur critique en est garantie par la compétence des écrivains, professeurs, agrégés de l'Université ou littérateurs avertis, qui ont donné à chaque œuvre, par une notice préliminaire et des notes au texte, un caractère d'érudition simple et sûre.

De nombreuses gravures hors texte empruntées aux éditions originales les plus recherchées et aux tableaux de maîtres ; de curieux autographes, des vignettes empruntées au meilleur goût de l'époque envisagée, constituent une documentation de premier ordre et réalisent l'idéal du bibliophile : les chefs-d'œuvre littéraires illustrés par les chefs-d'œuvre de l'art.

RABELAIS : Gargantua et Pantagruel. Avec biographie et notes, par H. Clouzot. *Trois vol.* illustrés de 12 grav. hors texte. Chaque vol., sous couverture rempliée . . 1 fr. 50
Relié toile ivoirine, titre bleu et or, tête bleue . . . . . 2 fr. 50
En *un seul volume*, reliure demi-peau, tête dorée . . . 6 francs

CORNEILLE : Théatre choisi illustré. Avec biographie et notes, par Henri Clouard. *Trois vol.* illustrés de 24 gravures dont 13 hors texte d'après Gravelot (édition de 1764). Chaque volume, broché, 1 fr. ; relié toile souple . . . . 1 fr. 30
En *un seul volume*, reliure demi-peau, tête dorée . . . 6 francs

RACINE : Théatre complet illustré. Avec biographie et notes, par Henri Clouard. *Trois vol.* illustrés de 32 gravures dont 12 hors texte d'après J. de Sève (édition de 1767). Chaque volume, broché, 1 fr. ; relié toile souple . . . 1 fr. 30
En *un seul volume*, reliure demi-peau, tête dorée . . . 6 francs

MOLIÈRE : Théatre complet illustré. Avec biographie et notes, par Th. Comte, agrégé de l'Université. *Sept vol.* illustrés de 63 grav. dont 36 hors texte d'après Boucher (édition de 1734). Chaque vol., broché, 1 fr. ; relié toile souple. 1 fr. 30
En *deux volumes*, reliure demi-peau, tête dorée . . . . 13 francs

LA FONTAINE : Fables illustrées. Avec biographie et notes, par M. Morel, agrégé de l'Université. *Deux vol.* illustrés de 24 gravures d'après Oudry (édition de 1755) et 4 hors texte. Chaque vol., br., 1 fr. ; relié toile souple . . . . 1 fr. 30
En *un seul volume*, reliure demi-peau, tête dorée . . . 4 fr. 50

BOILEAU : Œuvres poétiques illustrées. Avec biographie et notes, par L. Coquelin. 8 gravures d'après Cochin (édition de 1747). Broché, 1 fr. ; relié toile souple . . . . . 1 fr. 30
En reliure demi-peau, tête dorée . . . . 3 francs

LA BRUYÈRE : Les Caractères. Avec biographie et notes, par René Pichon, agrégé de l'Univ. *Deux vol.* 8 gravures hors texte. Chaque vol., broché, 1 fr. ; relié toile souple . . . 1 fr. 30
En *un seul volume*, reliure demi-peau, tête dorée . . . 4 fr. 50

LA ROCHEFOUCAULD : Maximes. Avec biographie et notes, par M. Roustan, agrégé de l'Univ. 4 gravures hors texte, couv. rempliée, 1 fr. 50 ; relié toile ivoirine . . . 2 fr. 50
En reliure demi-peau, tête dorée . . . . 3 francs

BOSSUET : Œuvres choisies illustrées. Avec biographie
et notes, par Henri CLOUARD. *Deux volumes*, 18 gravures.
Chaque volume, broché, 1 franc; relié toile souple . . . 1 fr. 30
En *un seul volume*, reliure demi-peau, tête dorée . . . 4 fr. 50

MME DE LA FAYETTE : La Princesse de Clèves. Avec
biographie et notes, par L. COQUELIN. 9 gravures dont
2 hors texte. Broché, 1 franc; relié toile souple. . . . 1 fr. 30
En reliure demi-peau, tête dorée. . . . . 3 francs

MME DE SÉVIGNÉ : Lettres choisies illustrées, suivies
d'un choix de lettres de femmes célèbres du XVIIe siècle.
Avec biographie et notes, par Marguerite CLÉMENT, agrégée de
l'Université. — *Deux vol.*, 8 gravures hors texte. — Chaque vol.,
sous couv. rempliée, 1 fr. 50; relié toile ivoirine . . . . 2 fr. 50
En *un seul volume*, reliure demi-peau, tête dorée . . . 4 fr. 50

REGNARD : Théâtre choisi illustré. Avec biographie et
notes, par Georges ROTH, agrégé de l'Univ. — *Deux vol.*,
8 grav. Chaque vol., couv. rempliée, 1 fr. 50; rel. t. ivoir. 2 fr. 50
En *un seul volume*, reliure demi-peau, tête dorée . . . 4 fr. 50

SAINT-SIMON : Mémoires (extraits suivis). Avec biographie et notes, par Aug. DUPOUY, agrégé de l'Univ. *Quatre vol.*,
17 hors-texte. Chaque vol., br., 1 fr.; relié toile souple. 1 fr. 30
En *un seul volume*, reliure demi-peau, tête dorée. . . 7 francs

ABBÉ PRÉVOST : Manon Lescaut. Avec biographie et
notes, par GAUTHIER-FERRIÈRES, 11 grav. Br. . 1 franc
Rel. toile souple, 1 fr. 30; en reliure d.-peau, tête dorée. 3 francs

J.-J. ROUSSEAU : Les Confessions (extraits suivis). Avec
biographie et notes, par H. LEGRAND, agrégé de l'Univ.
6 gr. d'après Le Barbier (1774). Br., 1 fr.; rel. t. souple 1 fr. 30

J.-J. ROUSSEAU : Emile (extraits suivis). Avec notices et
annotations, par H. LEGRAND. 4 gravures hors texte. Sous
couverture rempliée, 1 fr. 50; relié toile ivoirine. . . 2 fr. 50

VOLTAIRE : Romans. Avec biographie et notes, par H. LE-
GRAND. *Deux vol.* 6 gr. Chaque vol., br., 1 fr.; rel. t. s. 1 fr. 30
En *un seul volume*, reliure demi-peau, tête dorée . . . 4 fr. 50

VOLTAIRE : Théâtre choisi illustré. Avec notes et
notices, par H. LEGRAND. 4 grav. hors texte d'après Moreau
le Jeune (édition de 1784). Br., 1 fr.; relié toile souple. 1 fr. 30

VOLTAIRE : Œuvre poétique. Avec notes, par H. LEGRAND.
4 grav., couv. rempliée, 1 fr. 50; rel. toile ivoirine. 2 fr. 50

VOLTAIRE : HISTOIRE DE CHARLES XII. Avec notes et notices, par H. LEGRAND. 1 grav. hors texte et 1 carte en couleurs, couv. rempliée, 1 fr. 50; relié toile ivoirine.   2 fr. 50

DIDEROT : ŒUVRES CHOISIES ILLUSTRÉES. Avec biographie et notes, par Aug. DUPOUY. *Trois vol.* 12 gravures. Chaque vol. sous couverture rempliée, 1 fr. 50; rel. t. ivoirine.   2 fr. 50
En *un seul volume*, reliure demi-peau, tête dorée . . .   6 francs

BEAUMARCHAIS : THÉATRE CHOISI ILLUSTRÉ. Avec biographie et notes, par M. ROUSTAN, agrégé de l'Université. *Deux vol.*, 8 grav. Chaque vol., br., 1 fr.; rel. t. souple.   1 fr. 30
En *un seul volume*, reliure demi-peau, tête dorée . . .   4 fr. 50

BERNARDIN DE SAINT-PIERRE : PAUL ET VIRGINIE. Avec biographie et notes, par Aug. DUPOUY, agrégé de l'Université. 4 grav. hors texte. Couverture rempliée.   1 fr. 50
Rel. toile ivoirine, 2 fr. 50; rel. demi-peau, tête dorée.   3 francs

BENJAMIN CONSTANT. ADOLPHE ET ŒUVRES CHOISIES. Avec biographie et notes par M. ALLEM. 2 hors-texte. Couv. rempliée, 1 fr. 50; rel. t. ivoirine, 2 fr. 50; rel. demi-peau.   3 francs

CHATEAUBRIAND : ŒUVRES CHOISIES ILLUSTRÉES. Avec biographie et notes, par DUPOUY. *Trois vol.*, 18 gravures. Chaque volume, broché, 1 fr.; relié toile souple. . . .   1 fr. 30
En *un seul volume*, reliure demi-peau, tête dorée. . .   6 francs

STENDHAL : LA CHARTREUSE DE PARME. Avec biographie et notes, par DUPOUY. *Deux volumes*, 4 gravures hors texte. Chaque volume, broché, 1 fr.; relié toile souple . . .   1 fr. 30
En *un seul volume*, reliure demi-peau, tête dorée . . .   4 fr. 50

STENDHAL : LE ROUGE ET LE NOIR. Avec introduction et notes, par C. STRYIENSKI. *Deux volumes*, 4 gravures hors texte. Chaque volume, broché, 1 fr.; relié toile souple.   1 fr. 30
En *un seul volume*, reliure demi-peau, tête dorée . . .   4 fr. 50

STENDHAL : CHRONIQUES ITALIENNES. Avec notices et annotations, par DUPOUY. 4 gravures hors texte. Sous couverture rempliée, 1 fr. 50; relié toile ivoirine. . . . . . .   2 fr. 50

BALZAC : ŒUVRES CHOISIES ILLUSTRÉES. *Huit volumes* illustrés de 7 gravures et 2 autographes. Chaque volume, broché, 1 franc; relié toile souple . . . .   1 fr. 30
En *trois volumes*, reliure demi-peau, tête dorée . . . .   16 fr. 50

GÉRARD DE NERVAL : ŒUVRES CHOISIES ILLUSTRÉES. Avec biographie et notes, par GAUTHIER-FERRIÈRES. 4 grav. Couv. rempl., 1 fr. 50; rel. t. ivoirine, 2 fr. 50; rel. d.-peau.   3 francs

MURGER : Scènes de la vie de Bohème. Avec notice
biographique. 4 grav. hors texte. Couv. remplliée.   1 fr. 50
Rel. toile ivoirine, 2 fr. 50; rel. demi-peau, tête dorée.   3 francs

MUSSET : Œuvres complètes illustrées. *Huit vol.*, 7 grav.
et 2 autogr. Chaque vol., br., 1 fr.; rel. t. souple.   1 fr. 30
En *trois volumes*, reliure demi-peau, tête dorée . . . . 16 fr. 50

VIGNY : Œuvres illustrées. Avec biographie et notes, par
Gauthier-Ferrières. *Sept volumes*, 27 grav. hors texte.
Chaque vol., couv. remplliée, 1 fr. 50; rel. toile ivoirine.   2 fr. 50
En *trois volumes*, reliure demi-peau, tête dorée . . . . 15 francs

VICTOR HUGO : Œuvres choisies illustrées. Avec biographie et notices, par Léopold-Lacour, agrégé de l'Université, et préface de G. Simon. *Deux vol.*, 60 grav. (*Poésie*, 1 vol.;
Prose, 1 vol.). Chaque volume, couverture remplliée.   5 francs
Relié toile ivoirine, 6 fr. ; relié demi-peau, tête dorée.   8 francs

II — Anthologies.

ANTHOLOGIE des écrivains français des XVe et
XVIe siècles. Avec biographies et notes, par Gauthier-
Ferrières. *Deux vol.* (*Poésie*, 1 vol. ; *Prose*, 1 vol.). 36 grav. dont
8 hors texte, 18 autogr. Chaque vol., couvert. remplliée   1 fr. 50
Relié toile ivoirine, titre bleu et or, tête bleue . . . . 2 fr. 50
En *un seul volume*, reliure demi-peau, tête dorée . . . 4 fr. 50

ANTHOLOGIE des écrivains français du XVIIe siècle.
Avec biographies et notes, par Gauthier-Ferrières.
Deux volumes (*Poésie*, 1 vol. ; *Prose*, 1 vol.). 45 portraits
dont 8 hors texte, 51 autographes. Chaque volume, bro-
ché, 1 franc ; relié toile souple. . . . . 1 fr. 30
En *un seul volume*, reliure demi-peau, tête dorée . . . 4 fr. 50

ANTHOLOGIE des écrivains français du XVIIIe siècle.
Avec biographies et notes, par Gauthier-Ferrières.
Deux volumes (*Poésie*, 1 vol. ; *Prose*, 1 vol.). 61 por-
traits, dont 8 hors texte, 56 autographes. Chaque volume,
broché, 1 franc ; relié toile souple . . . . 1 fr. 30
En *un seul volume*, reliure demi-peau, tête dorée. . . . 4 fr. 50

ANTHOLOGIE des écrivains français du XIXe siècle.
Avec biographie et notes, par Gauthier-Ferrières.
Quatre volumes (*Poésie*, 2 vol. ; *Prose*, 2 vol.). 89 portraits,
dont 16 hors texte, 83 autographes. Chaque volume, bro-
ché, 1 franc ; relié toile souple . . . . 1 fr. 30
En *un seul volume*, reliure demi-peau, tête dorée. . . . 7 francs

ANTHOLOGIE DES ÉCRIVAINS FRANÇAIS CONTEMPORAINS (POÉSIE). Avec notices, par GAUTHIER-FERRIÈRES. 4 portraits hors texte et 36 autographes. Sous couverture rempliée, 1 fr. 50; relié toile ivoirine. . . . . 2 fr. 50

Sous presse : ANTHOLOGIE DES ÉCRIVAINS FRANÇAIS CONTEMPORAINS (Prose).

ANTHOLOGIE DES ÉCRIVAINS SUÉDOIS CONTEMPORAINS, par T. HAMMAR. 4 gravures hors texte. Broché. . . . 1 franc
Relié toile souple . . . . 1 fr. 30

III — *Histoire des littératures.*

LA LITTÉRATURE FRANÇAISE AU XIX° SIÈCLE, par Ch. LE GOFFIC. Tableau d'ensemble absolument unique de la littérature française contemporaine : tous les genres, tous les écrivains. 76 grav. Br., 1 fr. 75; relié toile souple. . . 2 fr. 25

LITTÉRATURE ALLEMANDE, par W. THOMAS, agrégé de l'Univ. 57 grav. Br., 1 fr. 20; relié toile souple. 1 fr. 50

LITTÉRATURE ANGLAISE, par W. THOMAS, agrégé de l'Université. 56 grav. Br., 1 fr. 20; rel. toile souple. 1 fr. 50

LITTÉRATURE ITALIENNE, par G.-M. GATTI. 23 grav. Broché, 1 franc; relié toile souple . . . . 1 fr. 30

HISTOIRE DE LA LITTÉRATURE RUSSE, par L. LEGER, membre de l'Institut. 26 grav., 5 autographes. Broché, 0 fr. 75; relié toile souple. . . . . 1 fr. 05

IV — *Monographies.*

MONTAIGNE, par L. COQUELIN. Sa vie et son œuvre (avec extraits). 6 grav. Br., 0 fr. 75; relié toile souple. 1 fr. 05

MUSSET, par GAUTHIER-FERRIÈRES. Sa vie et son œuvre (avec extraits). 4 grav. Br., 0 fr. 75; rel. t. souple. 1 fr. 05

VIGNY, par Aug. DUPOUY. Sa vie et son œuvre. 4 gravures. Broché, 1 fr., relié toile souple. . . . . 1 fr. 30

DAUDET, par P. et V. MARGUERITTE, etc. Sa vie et son œuvre (avec extraits). 8 gr. Br., 0 fr. 75; rel. t. 1 fr. 05

GŒTHE, par Ch. SIMOND. Sa vie et son œuvre (avec extraits). 4 gravures. Broché, 0 fr. 75; relié toile souple. . 1 fr. 05

SCHILLER, par Ch. SIMOND. Sa vie et son œuvre (avec extraits). 4 grav. Br., o fr. 75 ; relié toile souple . 1 fr. 05

HEINE, par A. TOPIN. Sa vie et son œuvre (avec extraits). 4 gravures. Broché, 1 franc ; relié toile souple. . 1 fr. 30

TOLSTOÏ, par OSSIP-LOURIÉ. Sa vie et son œuvre (avec extraits). 4 grav. Br., o ff. 75 ; relié toile souple . 1 fr. 05

IBSEN, par OSSIP-LOURIÉ. Sa vie et son œuvre (avec extraits). 4 grav. Br., o fr. 75 ; relié toile souple. . 1 fr. 05

BEAUX-ARTS

ANTHOLOGIE D'ART FRANÇAIS : XIXe SIÈCLE (PEINTURE), par Ch. SAUNIER. *Deux vol.* contenant 240 reprod. photogr. en pleine page. Chaque vol., br., 2 fr. 50 ; relié toile. 3 fr. 50
Édition de luxe sur papier mat, chaque volume, br. 5 francs

ANTHOLOGIE D'ART FRANÇAIS : XXe SIÈCLE (PEINTURE), par Ch. SAUNIER. 128 reproductions photographiques en pleine page. Broché, 3 fr. 50 ; relié toile souple. . 4 fr. 50
Édition de luxe sur papier mat, broché . . . . 6 francs

REMBRANDT, par A. BRÉAL. 24 grav. h. texte. Br. 1 fr. 20
Relié toile souple. . . . . 1 fr. 50

L'ART A L'ÉCOLE, par Ch.-M. COUYBA et les membres du Comité de la Société française de l'Art à l'École. 70 gravures. Broché, 1 fr. 20 ; relié toile souple. . . . . 1 fr. 50

HISTOIRE ET GÉOGRAPHIE

HISTOIRE DE RUSSIE, par L. LEGER. 12 grav., 2 cartes. Broché, o fr. 75 ; relié toile souple. . . . . 1 fr. 05

GÉOGRAPHIE RAPIDE DE L'EUROPE, par Onésime RECLUS. 16 gravures, 1 carte. Br., 1 fr. 20 ; rel. toile souple. 1 fr. 50

GÉOGRAPHIE RAPIDE DE LA FRANCE, par RECLUS. 18 grav. Broché, 1 fr. 20 ; relié toile souple. . . . . 1 fr. 50

SCIENCES PURES ET APPLIQUÉES

QU'EST-CE QUE LA SCIENCE? par F. LE DANTEC, chargé de cours à la Sorbonne. 88 grav. Broché. . 1 fr. 20
Relié toile souple. . . . . 1 fr. 50

L'ÉVOLUTION DE L'ASTRONOMIE AU XIXe SIÈCLE, par P. Busco. Pages choisies des grands astronomes. 63 gr. dont 16 hors texte. Br., 1 fr. 50 ; rel. toile souple . 1 fr. 90

L'ÉVOLUTION DE LA PHYSIQUE AU XIXᵉ SIÈCLE, par M. COSMOVICI. Pages choisies des grands physiciens. 8 portraits hors texte. Br., 1 fr. 50; relié t. souple. 1 fr. 90

L'ÉVOLUTION DE LA CHIMIE AU XIXᵉ SIÈCLE, par Marcel OSWALD. Pages choisies des grands chimistes. 16 portraits hors texte. Broché, 1 fr. 50; relié toile souple. 1 fr. 90

LE RADIUM, sa genèse, ses propriétés et ses emplois, par André LANCIEN. 39 grav. et 1 pl. hors texte. Br. . 1 fr. 50
Relié toile souple. . . . . 1 fr. 90

LA PHOTOGRAPHIE DES COULEURS, par COUSTET. 22 gr. Broché, 0 fr. 75; relié toile souple . . . . 1 fr. 05

L'ÉLECTRICITÉ A LA MAISON, par H. de GRAFFIGNY. 100 gravures. Broché, 1 franc; relié toile souple . . 1 fr. 40

LES ALLIAGES MÉTALLIQUES, par HÉMARDINQUER. 9 gr. Broché, 0 fr. 50; relié toile souple . . . . 0 fr. 75

LA VOIX PROFESSIONNELLE, par le Dr P. BONNIER. 39 grav. Broché, 2 francs; relié toile souple. . . . . 2 fr. 50

VIE SOCIALE ET DROIT USUEL

LA VIE ÉCONOMIQUE, par Frédéric PASSY. Broché . 1 fr. 20
Relié toile souple . . . . 1 fr. 50

ENTRE LOCATAIRES ET PROPRIÉTAIRES, par D. MASSÉ. Broché, 1 fr. 20; relié toile souple . . . . 1 fr. 50

LES ASSURANCES, par E. ADAM. Guide pratique. Broché, 0 fr. 75; relié toile souple . . . . 1 fr. 05

CE QUE LA LOI PUNIT, par GUYON. Code pénal expliqué. Broché, 0 fr. 90; relié toile souple. . . . . 1 fr. 20

LES ACCIDENTS DU TRAVAIL, par L. ANDRÉ. Br. 1 fr. 20
Relié toile souple. . . . . 1 fr. 50

ASSISTANCE AUX VIEILLARDS, AUX INFIRMES, AUX INCURABLES. Broché, 1 fr. 20; relié toile souple. . . 1 fr. 50

CODE MUNICIPAL, par Max LEGRAND. Broché. 1 fr. 20
Relié toile souple. . . . . 1 fr. 50

DROITS DE TIMBRE ET D'ENREGISTREMENT, par A. LANOË. Broché, 1 fr. 50; relié toile souple. . . . . 1 fr. 90

POUR FAIRE SOI-MÊME SON TESTAMENT, par Léon PARISOT. Broché, 1 fr. 50; relié toile souple. . . . . . . 1 fr. 90

MÉDECINE ET HYGIÈNE

L'ESTOMAC, hygiène, maladies, traitement, par le Dr M.-A. LEGRAND. 14 grav. Br., 1 fr.; relié toile. 1 fr. 30

L'ŒIL, hygiène, maladies, traitement, par le Dr VALUDE, médecin de la clinique des Quinze-Vingts. 54 gravures. Broché, 1 fr.; relié toile souple . . . . 1 fr. 30

L'OREILLE, hygiène, maladies, traitement, par le Dr M.-A. LEGRAND. 74 gravures. Broché, 1 fr. 20; relié toile . 1 fr. 50

LA BOUCHE ET LES DENTS, hygiène, maladies, traitement, par le Dr ROSENTHAL. 28 gravures. Br. 1 franc Relié toile souple. . . . . 1 fr. 30

LE NEZ ET LA GORGE, hygiène, maladies, traitement, par le Dr A. NEPVEU. 48 grav. Br., 1 fr.; relié toile. 1 fr. 30

LA PEAU ET LA CHEVELURE, hygiène, maladies, traitement, par le Dr M.-A. LEGRAND. 65 gravures. Broché . . 1 fr. 20 Relié toile souple. . . . . 1 fr. 50

LE VISAGE, CORRECTIONS DES DIFFORMITÉS, par le Dr L. LAGARDE; 75 gravures. Broché, 1 fr. 20; relié toile. . 1 fr. 65

LES NERFS ET LEUR HYGIÈNE, par le Dr GUILLERMIN. Broché, 0 fr. 75; relié toile souple. . . . . 1 fr. 05

LES MALADIES DE POITRINE, par le Dr GALTIER-BOISSIÈRE. 63 gravures. Broché, 1 fr. 35; relié toile souple . . 1 fr. 75

CHIRURGIE D'URGENCE, par le Dr L. BILLON. 46 gravures. Broché, 1 fr. 35; relié toile souple. . . . . . 1 fr. 75

ARTHRITISME ET ARTÉRIO-SCLÉROSE, par le Dr LAUMONIER. Broché, 1 fr. 20; relié toile souple . . . . 1 fr. 50

HERNIES ET VARICES, par L. et J. RAINAL. 55 gravures. Broché, 0 fr. 90; relié toile souple. . . . . 1 fr. 20

PRÉCIS D'ALIMENTATION RATIONNELLE, par le Dr PASCAULT. Broché, 1 fr. 20; relié toile souple. 1 fr. 50

LA CUISINE HYGIÉNIQUE, par Mme Cl. FAURE, avec introduction du Dr GUILLERMIN. Br., 1 fr. 50; rel. t. 1 fr. 95

POUR ÉLEVER LES NOURRISSONS, par le Dr GALTIER-BOISSIÈRE. 62 grav. Broché, 0 fr. 90; relié t. 1 fr. 20

POUR PRÉSERVER DES MALADIES VÉNÉRIENNES, par le Dr GALTIER-BOISSIÈRE. 34 grav. Br., 0 fr. 75; rel t. 1 fr. 05

LES VACCINS MICROBIENS, par le Dr RENAUD-BADET. 12 gravures. Broché, 1 fr.; relié toile souple . . . . 1 fr. 30

AGRICULTURE

ROUTINE ET PROGRÈS EN AGRICULTURE, par DUMONT. 92 grav. Broché, 1 fr. 80 ; rel. t. souple. 2 fr. 25

LE JARDIN DE L'INSTITUTEUR, DE L'OUVRIER ET DE L'AMATEUR, par P. BERTRAND. Manuel pratique de jardinage. 60 grav. et 9 pl. Broché, 1 fr. 20 ; rel. toile souple. 1 fr. 50

LE VERGER DE L'INSTITUTEUR, DE L'OUVRIER ET DE L'AMATEUR, par P. BERTRAND. 193 gravures. Br. . 1 fr. 20
Relié toile souple . . . . 1 fr. 50

LE BÉTAIL, par Marcel VACHER. 10 gravures. Br. 0 fr. 75
Relié toile souple. . . . . 1 fr. 15

LE PORC, par Marcel VACHER. 10 gravures. Br. . 0 fr. 75
Relié toile souple . . . . 1 fr. 15

TOUTE LA BASSE-COUR, par H. VOITELLIER. 11 grav., 24 planches. Broché, 1 fr. 50 ; relié toile souple . . 1 fr. 95

AMÉLIORATIONS DU SOL, par M. ABADIE. 95 grav. Broché, 0 fr. 90 ; relié toile souple. . . . . 1 fr. 20

DES FOURRAGES VERTS TOUTE L'ANNÉE, par COMPAIN. 44 grav. Br., 0 fr. 90 ; relié toile souple. 1 fr. 20

CONNAISSANCES PRATIQUES

DÉFENDS TON ARGENT, par G. SOREPH. 4 gravures. Broché, 0 fr. 90 ; relié toile souple. . . . . 1 fr. 20

LA CUISINE A BON MARCHÉ, par Mᵐᵉ J. SÉVRETTE. Broché, 0 fr. 90 ; relié toile souple. . . . . 1 fr. 20

LA NOURRITURE DE L'ENFANCE, par le Dʳ H. LEGRAND. Broché, 1 fr. 20 ; relié toile souple. . . . . 1 fr. 50

LE GUIDE MONDAIN, par la comtesse DE MAGALLON. Broché, 0 fr. 90 ; relié toile souple . . . . 1 fr. 20

CHAMPIGNONS MORTELS ET DANGEREUX, par F. GUÉGUEN, professeur agrégé à l'École supérieure de Pharmacie. 7 planches en couleurs. Relié toile souple . 1 fr. 50

LE PASSE-TEMPS DES MOIS, par DELOSIÈRE. 111 grav. Broché, 0 fr. 75 ; relié toile souple. . . . . 1 fr. 05

LA MAISON FLEURIE, par F. FAIDEAU. 61 gravures. Broché, 0 fr. 90 ; relié toile souple. . . . . 1 fr. 20

LES HABITATIONS A BON MARCHÉ et un art nouveau pour le peuple, par Jean LAHOR. 39 gravures. Broché. 2 francs Relié toile souple . . . . 2 fr. 30

LE DESSIN DE L'ARTISAN ET DE L'OUVRIER, par CHEVRIER. Broché, 0 fr. 75; relié toile souple. . . . . . 1 fr. 05

POUR FORMER UN TIREUR, par VIOLET et VOULQUIN. Broché, 0 fr. 75; relié toile souple. . . . . 1 fr. 05

FRONTIÈRES FRANÇAISES, FORTS, CAMPS RETRANCHÉS, par G. VOULQUIN. *Trois vol.* illustrés de nombreuses grav. et cartes. Chaque vol., broché, 1 fr. 20; rel. t. souple. 1 fr. 50

SPORTS

LE LAWN-TENNIS, LE GOLF, LE CROQUET, LE POLO, par P. CHAMP, F. DE BELLET, A. DESPRÉS, F. CAZE DE CAUMONT. 50 grav. dont 24 hors texte. Relié toile souple. . . 2 francs

LES SPORTS ATHLÉTIQUES : *Football, Course à pied, Saut, Lancement,* par P. et J. GARCET DE VAURESMONT. 45 gravures. Relié toile souple. . . . . 2 francs

LES SPORTS NAUTIQUES : *Aviron, Natation, Water-polo,* par Louis DOYEN, Paul AUGÉ et Georges MOËBS. 41 grav. dont 24 hors texte. Relié toile souple. . . . . 2 francs

LA BOXE : *Boxe anglaise et française, Lutte,* par J. MOREAU, CHARLEMONT, LUSCIEZ et DERIAZ. 48 gr. Rel. t. 2 francs

L'ESCRIME : *Fleuret, Épée, Sabre,* par KIRCHHOFFER, J. JOSEPH-RENAUD et L. LECUYER. 48 grav. Rel. toile. 1 fr. 30

LA CHASSE A TIR AU CHIEN D'ARRÊT ET LA CHASSE AU GIBIER-D'EAU, par GASTINNE-RENETTE, P. BERT, Cte J. CLARY, VOULQUIN, etc. 128 gravures. Relié toile souple . . . 2 francs

LE PATINAGE ARTISTIQUE, par Louis MAGNUS. 33 gravures et 19 planches hors texte. Relié toile souple. 2 francs

LES ÉCLAIREURS DE FRANCE ET LE ROLE SOCIAL DU SCOUTISME FRANÇAIS, par le capitaine ROYET. 28 gravures hors texte. Relié toile souple. . . . . 2 francs

JEUX ET CONCOURS DE PLEIN AIR à la campagne, à la mer, à l'école, par le baron GUSTAVE. 60 gravures dont 32 hors texte. Relié toile souple. . . . . 2 francs

Collection in-4° Larousse

Splendides ouvrages de luxe (format 32 × 26)

merveilleusement illustrés par la photographie

Reliures artistiques originales

HISTOIRE DE FRANCE ILLUSTRÉE (DES ORIGINES A LA FIN DE LA GUERRE DE 1870-71), *en deux volumes.* La plus intéressante et la plus belle histoire de France qui ait jamais été publiée. 2 028 gravures photographiques, 43 planches en couleurs, 9 cartes en couleurs, 96 cartes en noir. Broché, 53 fr. ; relié demi-chagrin. . . . . . . 65 francs

LA FRANCE, GÉOGRAPHIE ILLUSTRÉE, *en deux volumes,* par P. JOUSSET. Merveilleuse et vivante évocation de toutes les beautés de notre pays. 1 942 gravures photographiques, 47 planches hors texte, 21 cartes et plans en noir, 30 cartes en couleurs. Broché. . . . . 56 francs
Relié demi-chagrin . . . . 68 francs

ATLAS COLONIAL ILLUSTRÉ. 7 cartes en couleurs, 70 cartes en noir, 16 planches hors texte, 768 gravures photographiques. Broché . . . . 18 francs
Relié demi-chagrin . . . . 23 francs

PARIS-ATLAS, par F. BOURNON. 595 gravures photographiques, 32 dessins, 24 plans en huit couleurs. Br. . 18 francs
Relié demi-chagrin. . . . . 23 francs

L'ALLEMAGNE CONTEMPORAINE ILLUSTRÉE, par P. JOUSSET. 588 gravures photographiques, 8 cartes en couleurs, 14 cartes ou plans en noir. Broché. . . . 18 francs
Relié demi-chagrin. . . . . 23 francs

LA BELGIQUE ILLUSTRÉE, par DUMONT-WILDEN. 601 gravures photographiques, 15 planches hors texte, 4 planches en couleurs, 6 cartes en couleurs, 19 cartes en noir. Broché, 20 francs ; relié demi-chagrin . . . . 26 francs

L'ESPAGNE ET LE PORTUGAL ILLUSTRÉS, par P. JOUSSET. 772 gravures photographiques, 10 cartes et plans en couleurs, 11 cartes et plans en noir. Broché . . . 22 francs
Relié demi-chagrin. . . . . 28 francs

LA HOLLANDE ILLUSTRÉE, par VAN KEYMEULEN, BOOT, etc.
349 gravures photographiques, 2 planches en couleurs,
15 planches en noir, 4 cartes en couleurs, 35 cartes en noir.
Broché, 12 francs; relié demi-chagrin . . . . 17 francs

L'ITALIE ILLUSTRÉE, par P. JOUSSET. 784 gravures photographiques, 14 cartes et plans en couleurs, 9 cartes en noir.
Broché, 22 francs; relié demi-chagrin. . . . . 28 francs

LE JAPON ILLUSTRÉ, par Félicien CHALLAYE. 677 gravures
photographiques, 4 planches en couleurs, 8 planches en noir,
11 cartes et plans en couleurs, 15 cartes et plans en noir.
Broché, 20 francs; relié demi-chagrin. . . . . . . 26 francs

LA SUISSE ILLUSTRÉE, par A. DAUZAT, 635 gravures photographiques, 10 cartes en noir, 11 cartes en couleurs, 2 pl.
en coul., 12 pl. en noir. Broché, 19 fr.; rel. demi-ch. 25 francs

ATLAS LAROUSSE ILLUSTRÉ. 42 cartes en couleurs,
1 158 grav. photogr. Br., 26 fr.; relié d.-chagrin. 32 francs

LA TERRE, GÉOLOGIE PITTORESQUE, par Aug. ROBIN. 760 gravures photographiques, 24 hors-texte, 53 tableaux de fossiles, 158 dessins et 3 cartes en couleurs. Broché. 18 francs
Relié demi-chagrin. . . . . 23 francs

LA MER, par CLERC-RAMPAL. 636 gravures photographiques,
16 hors-texte, 4 planches en couleurs, 6 cartes en couleurs,
316 cartes en noir ou dessins. Broché . . . . 20 francs
Relié demi-chagrin. . . . . 26 francs

LE MUSÉE D'ART (DES ORIGINES AU XIXᵉ SIÈCLE), publié
sous la direction d'E. MÜNTZ. 900 grav. photogr., 50 planches
hors texte. Broché, 22 fr.; relié demi-chagrin . . 27 francs

LE MUSÉE D'ART (XIXᵉ SIÈCLE), publié sous la direction
de Pierre-Louis MOREAU. 1 000 gravures photographiques,
58 planches hors texte. Broché. . . . . 28 francs
Relié demi-chagrin. . . . . 34 francs

LES SPORTS MODERNES ILLUSTRÉS, encyclopédie spor-
tive illustrée, publiée sous la direction de P. MOREAU et
G. VOULQUIN. 813 gravures, 28 planches hors texte. Broché, 20 francs ; relié demi-chagrin . . . . 26 francs

En cours de publication : HISTOIRE DE FRANCE
CONTEMPORAINE ILLUSTRÉE.

Paris. — Imp. LAROUSSE, 17, rue Montparnasse. — 728